¡A comer!

escrito por Jennifer Blizin Gillis
traducido por David Mallick

CONTENIDO

ROURKE CLASSROOM RESOURCES
The path to student success

Los animales comen

Todos los animales comen, pero no todos lo hacen de la misma forma. Algunos animales tienen que encontrar o atrapar su alimento. Luego, pueden comer.

Algunos animales tienen cuerpos con órganos especiales que los ayudan a encontrar su alimento. Otros tienen órganos especiales que los ayudan a atrapar su alimento. Y algunos animales tienen órganos especiales para comer.

Ver o sentir

Algunos animales usan sus ojos para encontrar alimento. Los **animales nocturnos** tienen que encontrar sus alimentos en la oscuridad. El búho come animales pequeños como ratones y **campañoles**. Ellos pueden ver pequeñas **presas** con poca luz.

Otros animales no pueden ver tan bien. Así que tienen que usar sus sentidos para encontrar sus alimentos. Los osos usan su nariz para oler los alimentos. Algunos animales no tienen ojos. Un **anémona de mar** usa sus tentáculos para sentir su alimento.

Atrapar o sujetar

¿Cómo hacen los cangrejos para atrapar su alimento? Sus patas tienen pinzas en vez de pies. Ellos usan sus pinzas más grandes para atrapar y sujetar su alimento. Sus pinzas no son muy flexibles, pero son fuertes. Las pinzas sujetan el alimento mientras el cangrejo come.

Las águilas usan sus **garras** para agarrar su alimento. Bajan en picada y sacan los peces del agua. Las garras de las águilas son **articuladas**. Esto quiere decir que se doblan y se mueven como nuestros dedos. Las águilas hasta pueden capturar animales que estén luchando por escaparse.

Caminar por el agua o por la tierra

Las patas de los animales también los ayudan a la hora de comer. Un ibis entra al agua con sus patas largas y delgadas. Sus patas tienen **articulaciones** especiales que las mantienen en su lugar. Por tanto, el ibis puede quedarse en el agua durante mucho tiempo y pescar.

Las cebras, los caballos, los búfalos salvajes y otros animales herbívoros se pasan el día caminando de un pastizal a otro. Los fuertes músculos de las patas de estos animales los ayudan a caminar grandes distancias.

Masticar o moler

Los animales comen alimentos diferentes, así que sus dientes son diferentes también. Los dientes de un tigre son afilados y puntiagudos. Sus dientes ayudan al tigre a masticar y cortar carnes difíciles de comer.

Los dientes de una jirafa son cortos y cuadrados, y pueden arrancar las hojas de los árboles. Como otros animales que comen plantas, los dientes planos de la jirafa muelen las hojas hasta hacerlas puré. Después, la jirafa se traga el puré.

Picar o golpear

Algunos animales tienen bocas con órganos especiales. Los picos de las aves tienen formas diferentes. Las aves que comen semillas recogen y parten las semillas con sus pequeños y **fuertes** picos.

Los pájaros carpinteros usan sus largos y fuertes picos como un **martillo**. Ellos golpean la corteza de los árboles en busca de insectos. Tú puedes escuchar el sonido de un pájaro carpintero cuando martilla un árbol desde lejos.

Sorber o tomar

Los animales que toman sus alimentos del agua también tienen bocas con órganos especiales. Los caballitos de mar comen animales pequeños, llamados plancton. Los caballitos de mar sorben el agua con sus largos hocicos para atrapar su comida.

Los picos de los flamencos funcionan como una coladera de cocina. Ellos sorben una sopa de camarones, insectos y agua de estanque con sus picos. Los camarones y los insectos se quedan dentro del pico, pero el agua sale. Cuando tomas una sopa, ¿lo haces en sorbitos como el caballito de mar o en bocanadas grandes como el flamenco?

GLOSARIO

anémona de mar un animal de mar que vive entre las rocas y que tiene partes parecidas a las de una flor

animal nocturno un animal que es activo de noche y duerme durante el día

articulaciones lugares en el cuerpo de un animal donde se unen dos huesos y ayudan a esas partes a doblar y moverse

articuladas que se puede doblar y mover en diferentes maneras

campañol un pequeño mamífero que vive en los campos y parece un pequeño ratón

fuerte algo firme y resistente

martillo una herramienta que se usa para romper cosas

plancton animales muy pequeños que viven en el mar y que no puedes ver sin un microscopio

presa un animal que es alimento para otro animal más grande

garras los pies de las águilas y los halcones, que tienen uñas fuertes

ÍNDICE